农业农村废弃物资源化利用技术科普丛书

秸秆清洁供暖技术

（简本篇）

赵立欣 姚宗路 主编

中国农业出版社
农村读物出版社
北 京

本书编委会

主 任 李 波 王久臣

副 主 任 吴晓春 赵立欣

委 员 （按姓名笔画为序）

     王 飞 石祖梁 闫 成 李惠斌 李 想

     陈彦宾 徐文灏 徐志宇 强少杰

主 编 赵立欣 姚宗路

副 主 编 李惠斌 霍丽丽 王建朋 赵 凯

编 者 （按姓名笔画为序）

     于佳动 付 君 丛宏斌 冯 晶 朱晓兰

     任雅薇 刘广华 李冰峰 杨武英 罗 娟

     孟宪宇 赵亚男 袁洪方 贾吉秀 徐文勇

     董保成 吕志强 刘晓梅 刘立秋

秸秆人　　　成型燃料人　　　捆烧人　　　热解炭气人　　　沼气人

农民

基层推广人员

秸秆篇

扫码看视频

你从哪儿来的呀？

我来介绍一下自己!

　我来自农田，你们都知道玉米、小麦、水稻、棉花等农作物吧，我是农作物收获后的剩余物——秸秆，人们都说我是农业的另一半。

　　河北省是我国粮油集中产区之一，2021年秸秆资源总量4 895.23万t，可收集量4 277.58万t，占全国的5.65%，位居全国前列。

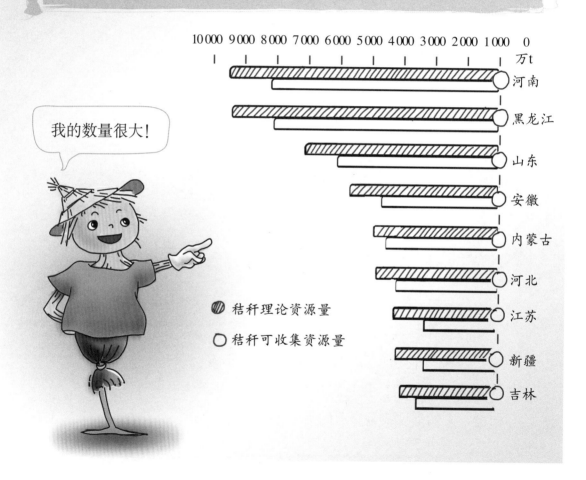

我的数量很大！

秸秆理论资源量

秸秆可收集资源量

我们兄弟姐妹可多呢，还有油菜秆、水稻秆、豆秸等兄弟姐妹。

我是玉米秸秆

我是小麦秸秆

我是花生秸秆

我是棉花秸秆

小麦秸秆　　　　　　玉米秸秆　　　　　花生秸秆　　　棉花秸秆

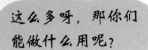
这么多呀，那你们能做什么用呢？

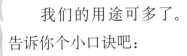
我们的用途可多了。
告诉你个小口诀吧：

回到田里做肥料

喂给牛羊做饲料

做饭取暖做燃料

种植蘑菇做基料

还有造纸做原料

肥料 饲料 燃料

综合利用

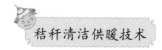

哪种利用方式用量多呀？

我们以农为主，综合利用。

作为肥料还田2 868万t，生产饲料1 035万t，生产燃料194万t，生产基料13万t，作为原料25万t。2021年，综合利用率超过96%，还有140万t没有利用。

那没有利用、剩余的秸秆是不是就烧了？

大家可要记住，千万不要露天焚烧，最好都收集起来，全部利用。就地焚烧不仅浪费资源，还污染环境，用之为宝，弃之为害。

空气污染

散煤

剩余的秸秆可以为大家提供做饭、取暖的能源。

大家都知道，人们用散煤烧火做饭、取暖，会有许多CO_2、SO_2、颗粒物排放到大气中；用天然气或者电呢，价格高，农民舍不得。因此用我们非常好。

有点贵

价格上涨

天然气

秸秆怎么作为能源使用呢？

我们作为能源使用方式很多，可以把秸秆转化为成型燃料、沼气、热解气等。不同地方利用方式有所不同，要因地制宜。

热解气

成型燃料

沼气

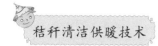

先给大家讲讲，我们是怎么从地里出来的。在收获季节，收获机将我们割下来，散落在田地里。

如果我们要回到土壤里作为肥料使用，收获机上的粉碎机就会直接把我们粉碎，抛在田地里，之后，还田机把我们翻到土壤里。

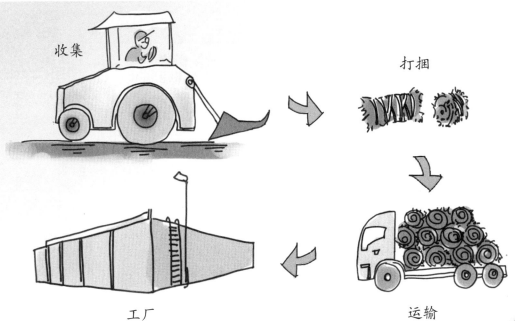

收集

打捆

运输

工厂

　　如果我们要做燃料，人们会用机器把我们从田地里收集起来，打成捆，运到加工厂。我们在工厂华丽变身，变成不同类型的燃料。

　　下面就来介绍一下我们是如何变成燃料，又如何使用的吧！

二 成型燃料技术篇

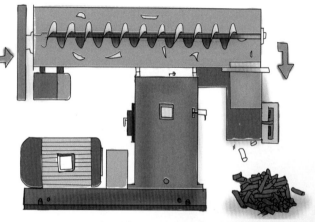

成型机

大家好，我是成型燃料，给大家说说我们是怎么来的吧。

首先，被打成捆的秸秆先粉碎，再进入一个叫成型机的设备，将松散的秸秆挤压成不同形状的成型燃料。

你们有什么特点呢？

我们与松散的秸秆相比，体积小，密度大，体积只有原来的1/8 ~ 1/6，便于运输和贮存。

我们燃烧效率高，又干净，CO_2、SO_2和NO_x排放极低，房子里的空气质量明显改善。我们的能量密度相当于中质烟煤，使用时火力持久，可以直接替代煤炭，是一种清洁环保的能源。

你们兄弟几个做一下自我介绍吧。

粒儿

我们是秸秆成型燃料家族，有兄弟3个。

我是老大，身材苗条，像个小粉笔，直径可以是6、8、10、12 mm，长度大约40 mm，我的密度在$1.0 \sim 1.2\text{g/cm}^3$，叫颗粒燃料，俗称粒儿。

块儿

我是老二，比大哥胖3圈，方方正正，尺寸是32 mm×32 mm，我的密度在0.8 g/cm³左右，不如大哥紧实，叫块状燃料，俗称块儿。

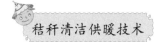

我是老三，最高最胖，块头最大，像一个柱子，我的腰围约30 mm，身高300 mm，我的密度和二哥一样，在 0.8g/cm³ 以上，叫棒状燃料，俗称棒儿。

棒儿

环模

压辊

要生产出来我们，离不开一种叫作"成型机"的设备。

目前，使用最多的是坏模成型机，主要生产颗粒或压块成型燃料。该机生产率高、成型好。农业农村部规划设计研究院开发出系列成型设备，其关键部件环模寿命可达1 000 h以上，压辊单次使用寿命可达400 h以上。

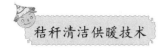

环模式成型机有哪些特性呢?

环模式颗粒成型机

· 生产率：1 ~ 2.5 t/h

· 成型率：＞95％

· 能耗：＜60 kW · h/t

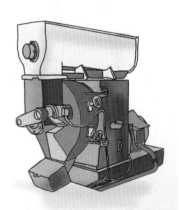

环模式压块成型机

· 生产率：1 ~ 3 t/h

· 成型率：＞95％

· 能耗：40 kW · h/t

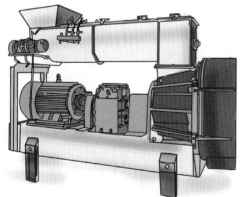

你们有质量要求吗？

成型燃料质量要求：

· 水分 ≤ 16%

· 灰分 ≤ 12%（颗粒）或 ≤ 15%（压、棒）

· 低位发热量 ≥ 12.6 MJ/kg

· 堆积密度 ≥ 500 kg/m³（颗粒）

　　我们有严格的质量要求。相关部门制定了一系列标准，涵盖原料收贮运、成型加工、产品质量、产品贮运、燃烧应用等全产业链。目前已发布国家标准11项，行业标准38项。

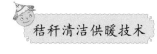

你们的生产工序都有哪些呢？

我们的生产工序挺复杂的，包括粉碎、干燥、输送、混配、调质、成型、冷却、计量包装等。

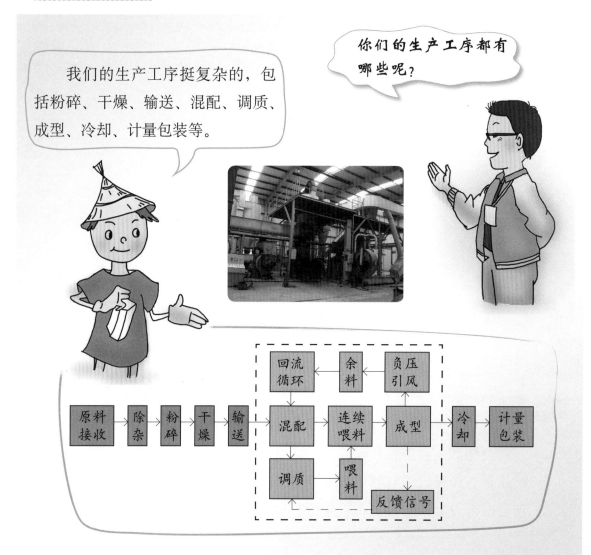

原料接收 → 除杂 → 粉碎 → 干燥 → 输送 → 混配 → 连续喂料 → 成型 → 冷却 → 计量包装

回流循环 ← 余料 ← 负压引风

混配 → 连续喂料

调质 → 喂料

反馈信号

那生产成本是多少呢？

　　生产成本主要包括秸秆供应、燃料动力、人工、维修与折旧、销售管理等费用。

　　按一个年产1万t颗粒燃料厂计算，秸秆原料成本约230元/t，生产环节大约是225元/t，那么总成本在455元/t左右。

发电

取暖

做饭

供热

你们的用途有哪些？

我们的服务

- 农户做饭、取暖
- 农业园区、温室大棚采暖
- 学校、医院、社区等分布供暖
- 城市、乡镇、居民供暖
- 工农业供热、供气、发电

你们的用途这么多，具体怎么用呀？

最好选用专用的锅炉或炉具。我们的挥发分含量较高、固定碳较低，所以不能直接用燃煤的炉子，必须对炉拱、配风进行改造后才能使用。

这是一种秸秆颗粒燃烧器，这个燃烧器可以自动破渣除渣，它里面还有多级旋转配风的结构，能够实现自动进料，可与锅炉配套供热。

成型燃料锅炉和炉具都有哪些类型呢?

热水锅炉

炉坑灶

大灶

炊事、烤火炉

　　成型燃料锅炉有蒸汽锅炉、热水锅炉、热风炉等,成型燃料炉具有炊事炉、采暖炉、炊事采暖炉、烤火炉、大灶、炉坑灶等。

使用成本高吗？

我们的取暖成本不高，很经济呢！

生物质炉具炊事取暖

满足一户家庭的炊事取暖（取暖面积100 m² 左右），炉具投资约3 000元。使用成本与传统煤炉相比节能35%，取暖成本15~25元/m²。

生物质锅炉集中供暖

　　使用秸秆成型燃料供热锅炉，供暖面积7 000 m²，投资约6万元；供暖面积15 000 m²，投资约10万元。

　　当然了，也可以改造现有的锅炉，如一个供暖面积为15 000 m²的2 t燃煤锅炉，改造成本3万～5万元。

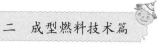

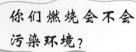

你们燃烧会不会污染环境？

我们是清洁可再生能源，颗粒物、SO_2、CO排放比煤低。

按照国家环保要求，生物质锅炉一般配套除尘系统。污染物排放要求，颗粒物、SO_2、NO_x排放量分别不高于20、50、200 mg/m^3。

我给大家介绍几个工程实例吧！

山东肥城年产3万t秸秆成型燃料项目

采用连续喂料、调质喂料、余料回流等技术工艺，能够适应多种原料，实现全程实时监控。

这个工程是2014年建成，总投资650万元，年产秸秆成型燃料3万t。

辽宁辽阳单户取暖项目

采用户用炉具采暖，功率18～23 kW，供暖面积100～130m²，供暖系统除炉具外还包括自动控制系统、进出水管道、排烟管道等。

这个项目是2017年建成，每户每年燃料用量2～3 t，取暖成本15～23元/（m²·年）。

黑龙江海伦市海北镇集中供暖项目

项目为城镇的机关、企事业单位和3 000户居民集中供暖，总供暖面积23万m^2。

项目于2014年建成，改造投资1 500万元，每年秸秆成型燃料使用量1.5万t，取暖成本25～31元/（$m^2 \cdot$年）。

山东肥城鸭场孵化基地供暖项目

项目为鸭场孵化供暖，供暖面积
6 000m²，由生物质热水锅炉、上料系统和
远程控制、烟气净化等系统组成。

项目于2013年建成，总投资15万元。
每年成型燃料使用量100 t，取暖成本
20 ～ 25元/m²。

三 捆烧技术篇

你们又是谁？怎么都被捆绑着塞进锅炉啊？

我们是秸秆捆！

农民朋友在粮食收获后，将田里松散的秸秆打成捆，再作为燃料燃烧，称作秸秆捆烧。捆烧产生的热量可以通过高效换热技术实现清洁供暖。我们与前面的成型燃料不同，我们的块头比他们大百倍。

你们这样捆烧的优势是什么？

不仅方便贮存、运输，也方便后期利用。

　　秸秆打捆后，利用先进的燃烧技术和专用锅炉，不但能提高燃烧效率，还能保证烟气清洁，产生的烟气中颗粒物、SO_2等均低于煤炭。我们供暖的成本很低，远低于煤炭、天然气。

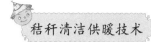

你们的个头和形状怎么不一样啊？

我的个头比较大，叫大方捆。我的质量为 820 ～ 910 kg，密度为 240 kg/m³。

小方捆

我是从方捆打捆机里出来的，个头比较小，叫小方捆，我的质量为 14 ～ 68 kg，密度为 160 ～ 300 kg/m³。

大方捆

小圆捆

大圆捆

我是从圆捆机里出来的，个头比较小，我叫小圆捆，我的质量为 18 ～ 20 kg，密度为 115 kg/m³。

我个头比较大，叫大圆捆。我的质量为 600 ～ 850 kg，密度为 110 ～ 250 kg/m³。

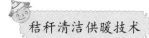
你们是怎么被打成捆的呢？

我们方捆主要经过捡拾、输送、压缩、打结等流程被打成捆。

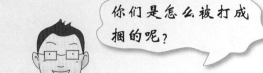

方捆打捆机

　　秸秆从田地被捡拾器捡起，连续不断地输送到压缩室，利用压缩活塞将秸秆压缩，每次压缩结束后，就会形成一个秸秆压缩片。随着秸秆连续不停的喂入，秸秆片会逐渐累积而增长，当秸秆捆长度达到设定值时，打结系统开始工作，形成一个完整的秸秆方捆。

圆捆打捆机

我们圆捆主要是经过捡拾、输送、成型钢辊压缩、捆绳等流程被打成捆。

利用高压风机将粉碎后的秸秆输送到打捆机的成型室，成型室内的成型钢辊沿着同一个方向不停地转动，实现打捆。

在打捆机的另一侧，安装有液压系统，当完成绕绳打捆之后，液压系统开始工作，后舱开启，实现放捆作业，形成一个完整的秸秆圆捆。

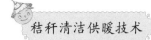

原来是这样呀，这两种打捆设备有啥不一样的？

我们方捆打捆机工作效率较高，可以连续工作。秸秆捆体积小、密度大，方便运输与贮藏，适用于各种秸秆的打捆作业。

我们圆捆打捆机结构相对简单，不需要装配打结器，所以圆捆打捆机的故障少，机具成本较低，体积也小，所需配套动力小。

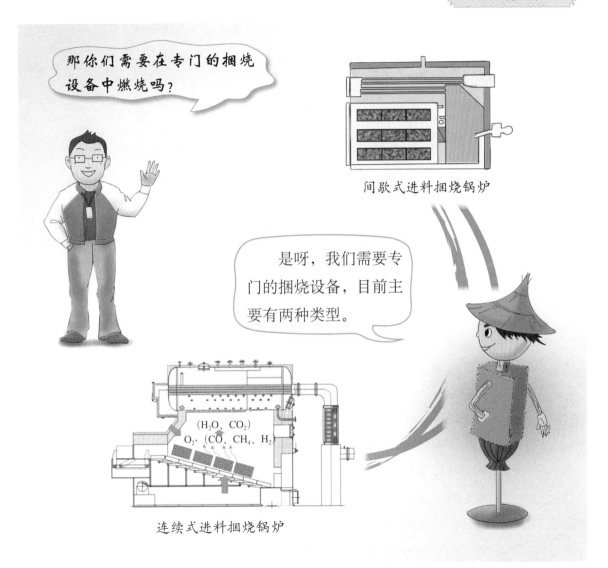

那你们需要在专门的捆烧设备中燃烧吗？

间歇式进料捆烧锅炉

是呀，我们需要专门的捆烧设备，目前主要有两种类型。

O_2+ (CO、CH$_4$、H$_2$) (H$_2$O、CO$_2$)

连续式进料捆烧锅炉

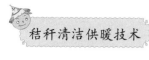
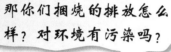

那你们捆烧的排放怎么样？对环境有污染吗？

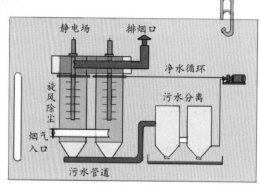

静电场　　排烟口

净水循环

旋风除尘

污水分离

烟气入口

污水管道

烟气净化除尘装备

您问的这个问题很关键，国家对环保要求很高，因此供暖系统设计中，也配套了后端烟气净化除尘装备，保证捆烧烟气达到排放标准。

我再给各位提供几个工程案例吧!

辽宁铁岭市盛世福城小区、新台子中心小学捆烧供暖工程

- 建成时间：2017年
- 投资：120万元
- 技术类型：连续式捆烧技术
- 供暖面积 7.3 万 m^2
- 系统组成：上料系统、捆烧锅炉与远程控制系统、烟气净化系统
- 燃料用量：4 000 t / 年
- 供暖成本：18 ~ 25元/（$m^2 \cdot$ 年）

辽宁省朝阳县贾家店农村办公楼捆烧供暖工程

· 建成时间：2016年

· 投资：40万元

· 技术类型：间歇式捆烧技术

· 供暖面积：3 800 m²

· 系统组成：间歇式捆烧锅炉供暖系统，包括
　捆烧锅炉与远程控制系统、烟气净化系统

· 供暖季燃料用量：176t

· 供暖成本：20 ~ 25元/（m²·年）

扫码看视频

热解炭气联产技术篇

什么是秸秆热解炭气联产技术?

作为热化学转化技术的一种，秸秆热解炭气联产技术，是秸秆在绝氧或低氧环境下被加热升温（500 ~ 600℃），引起分子内部分解产生生物炭和热解气。

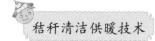

这么神奇！小小的秸秆还能转化成气、炭！快说说，你们有什么特点呢？

CH$_4$
(8%~12%)

H$_2$
10%

CO
(20%~35%)

热解气是一种可燃性的气体，主要由CO、CH$_4$、H$_2$等气体组成，CO含量20%～35%，CH$_4$含量8%～12%，H$_2$含量10%左右，热值可达到12～20 MJ/m^3，焦油与灰尘含量低于10 mg/m^3。

热解气有什么用途呢？

热解气可以直接燃烧，用作炊事和取暖。

这么好的东西，那快说说，怎么用？

热解气通过专用燃气灶燃烧直接用于炊事。安装时要保证气密性，调节风门到火焰最佳状态，确保燃烧稳定性。

集中式供暖

采用热解气锅炉生产热水集中供暖。

分户式供暖

采用热解气壁挂炉供暖，和城市用的天然气自取采一样。

热解气还可以供暖，有集中式供暖和分户式供暖。

⚠️ 热解气分户供暖时，要严防CO等气体的泄露，必须安装报警装置，并进行定期检修，同时要加强安全防范意识。

生物炭是什么，看起来黑呼呼的？

　　我是热解后产生的含碳量高、稳定性好的固态产物。别看我长的黑，我的用处可大了。

　　我的比表面积大，固定碳含量为30%～80%，灰分含量为20%～35%，pH为5～12，阳离子交换量（CEC）可高达500 cmol/kg。

你说这些我都不懂,你就说一说你的用途吧?

生物炭基肥料

我可以和有机肥混合在一起,成为生物炭基肥料。

大家都知道,如果施用大量化肥,会造成土壤板结、有机质下降,施用生物炭基肥料,不仅种植的作物品质好了,而且长期施用,土壤质量还可以得到改善呢。比如红壤土种植的橘子,施用生物炭或炭基肥后,橘子的甜度明显增加了。

这太好了，以后我种地就用你了，那你还有其他用途吗？

当然了，你吃过烧烤吧？我们还可以做成机制炭用于烧烤，也可用于取暖。

是吗？还能供暖，我们这边天气可冷了，怎么供暖？快说说。

　　为了便于运输和贮存，一般做成能量密度高的型炭，成型过程有2种工艺：一种是秸秆先挤压成型，再经炭化炉炭化；另一种是秸秆先经炭化炉炭化，再添加黏结剂后挤压成型。

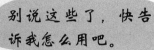

别说这些了，快告诉我怎么用吧。

　　作为炊事或者供暖用能时，要用型炭专用炉具，这种炉具效率高。NO_x、颗粒物、SO_2排放都能达到相关标准要求。

听说在秸秆热解过程还有焦油产生，会不会造成污染？

会有焦油产生，但现在技术进步了，焦油也能够处理，不会造成污染。

可以把焦油蒸馏、酸化等，将杂质分离后，制取化工原料，如轻油。也可以将焦油燃烧回用，用于热解加热热源。

这样太好了，既能将焦油再利用，提高利用率，又避免了二次污染。科研人员真厉害！

你说了这么多，秸秆热解技术如何实现？

我给你详细说说。按照加热方式可分为外热式和内热式两种。

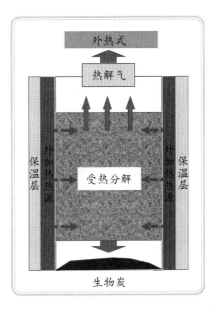

外热式

热解气

保温层

外加热热源

受热分解

外加热热源

保温层

生物炭

外热式热解技术通常采用流动的热烟气或电热丝通过炭化室外壁对物料进行间接加热，炭化工艺参数控制方便，燃气品质高，热值可达到 $18MJ/m^3$ 左右。

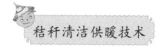

内热式热解技术是将载热气体从炉体底部通入，与原料逆向接触，载热气体温度一般控制在550～700℃，或通过部分原料燃烧对炭化室内的物料进行直接加热。该技术属直接加热方式，与外加热炭化技术相比，换热效率较高。

这种热解技术能连续生产吗？

可以连续，也可以间歇式生产。

窑式热解技术采用自燃式热源，一般生产生物炭单一产品，设备结构简单、生产成本低，在木炭生产中应用广泛。

你听说过白居易的《卖炭翁》吧，就是这样烧制的。

卖炭翁，伐薪烧炭南山中。

满面尘灰烟火色，

两鬓苍苍十指黑。

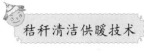
　　干馏釜式热解技术，主要在反应器外部对物料加热，通过干馏使物料受热分解，炭化为高品质生物炭，与窑式炭化技术相比，因为没有空气进入，热解气品质大幅提高。

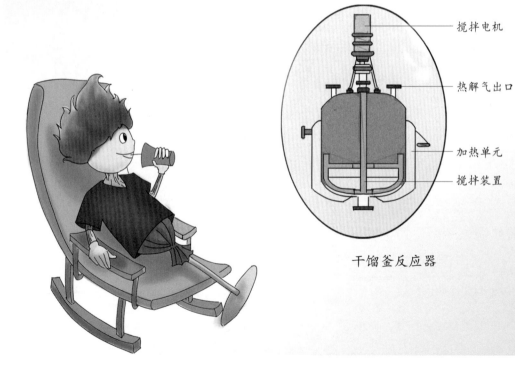

干馏釜反应器

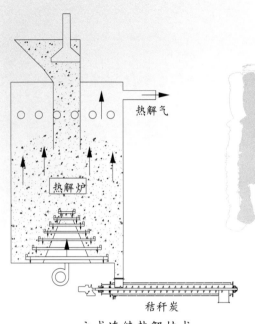

热解气

热解炉

秸秆炭

立式连续热解技术

移动床热解技术可以连续生产，包括立式和横流式两类。与固定床技术相比，连续性好、生产率高、过程控制方便，产品品质也相对稳定。

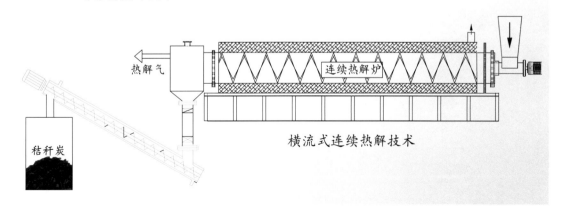

热解气

连续热解炉

秸秆炭

横流式连续热解技术

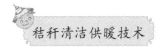
立式秸秆炭气联产设备

- 生物炭得率：31%

- 吨炭电耗：15kW·h

- 固定碳含量：55.4%

- 燃气热值：4.5MJ/m³

在少量供氧的条件下，秸秆在炭化炉下部物料自燃，保证炭化所需的热源，使炉内自下而上形成炭化层、热解层和干燥层。

横流式秸秆炭气联产设备

采用外部热源为连续热解系统加热，物料在热解系统中有序翻转流动，实现秸秆逐步受热脱水炭化，生成热解气和生物炭。

- 生物炭得率：28.2%
- 热解气产率：0.35 m³/kg
- 热解气热值：18.8 MJ/m³
- 热解气焦油灰尘含量：2.4 mg/m³
  （国家标准 10 mg/m³）

我给大家讲讲这种技术是如何应用的。

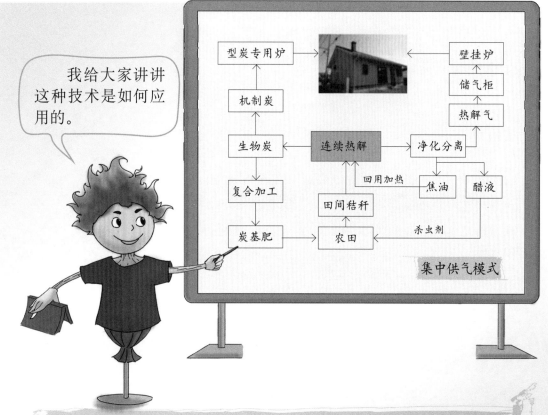

秸秆经过粉碎等预处理后进入热解炉，产出热解气经过净化分离，通过管道进入农户家里，农户通过燃气壁挂炉采暖。

热解油回用燃烧对热解系统加热，木醋液可用作杀虫剂；生物炭可生产炭基肥就地利用，还可加工成型炭为农户取暖。

还有一种集中供暖模式。和前面的例子一样，从热解炉出来的高温热解气直接进入燃气锅炉生产蒸汽或热水，经供暖管道对社区农户集中供暖。

集中供气模式

到了给大家讲案例的时间啦!

河北邢台县热解炭气联产供气工程

采用外加热连续式热解炭气联产集中供气模式,生物炭可直接还田,也可制成型炭供暖,热解气为居民炊事、供暖,热解油燃烧回用,木醋液稀释后用作杀虫剂。

工程于2017年建成,年处理秸秆和果木剪枝2 500 t,生产生物炭700 t、热解气20万 m^3,满足周边550户农户炊事用气。

河北肥乡区热解气直燃燃烧供暖工程

采用外加热连续式热解炭气联产集中供暖模式，热解炉和燃气锅炉采用一体化设计，热解产生的高温混合热解气直接进入燃气锅炉燃烧集中供暖。

工程于2018年建成，年处理秸秆2万t，可为200户农户供暖，同时，年生产生物炭6 000 t。

湖北鄂州市长港镇热解气炭电联产工程

采用连续热解气炭电联产模式，配套3MW燃气发电机组，生物炭作为商品出售，热解气净化后供农户炊事，剩余部分用于发电。

工程年处理农林废弃物5.3万t，年产热解气1082万m³，供周边6000多农户生活用气，多余燃气发电自用。

扫码看视频

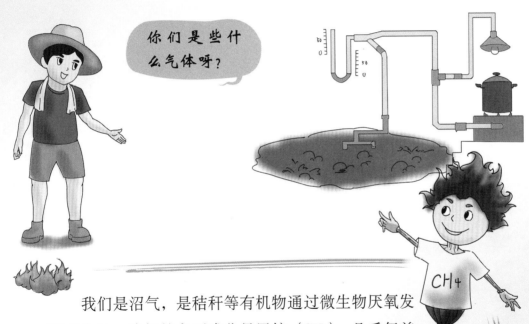

你们是些什么气体呀？

CH₄

　　我们是沼气，是秸秆等有机物通过微生物厌氧发酵产生的。我们的主要成分是甲烷（CH_4），几千年前就被人类发现了。那时，人们经常看到沼泽或池塘里有气泡冒出来，还可以用火点燃，所以就称我们为沼气。

自然界里的沼泽、池塘、河流底部这些区域缺少氧气，厌氧微生物通过分解动植物尸体就能产生沼气。

为了实现沼气利用，人们开发了厌氧反应器，以秸秆、粪便等有机废弃物等为原料，提供适宜的温度，通过微生物分解有机废弃物就可以生产大量沼气。分解不了的固体和液体，还可以作为有机肥料用于农田，一举两得。

生产沼气需要什么条件呢？

①微生物

②废弃物

③温度

中温 35～45℃　高温 55℃

CH₄

聪明的你一定可以发现，生产沼气有四个条件：

一是要有厌氧微生物。水解细菌、产乙酸细菌、产氢细菌、产甲烷细菌等构成微生物菌群。

二是要给微生物提供"食物"。有秸秆、粪便、餐厨垃圾等有机废弃物。

三是要保持一定的温度。厌氧微生物更喜欢两个温度范围：中温在 35～45℃，高温在 55℃左右。

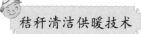

四是要给微生物消化的时间。不同有机物所需平均发酵时间不同。原料越容易腐烂停留时间越短，秸秆等纤维类原料停留时间要长一些。

秸秆

我需要40 d以上

我需要30 d左右

我需要20 d左右

粪便

果蔬废弃物

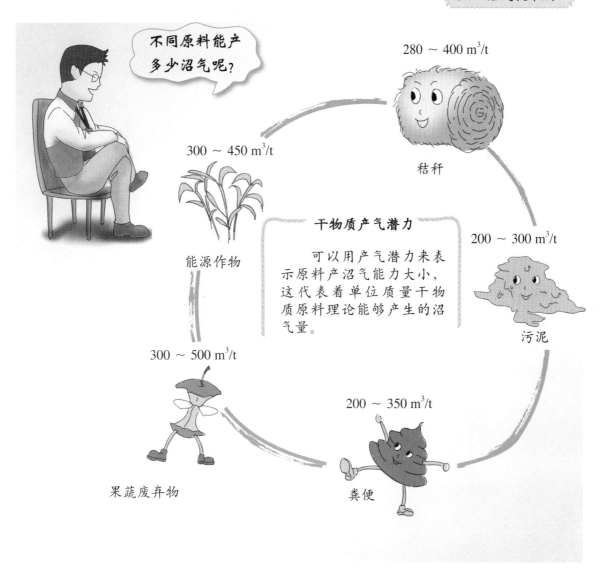

不同原料能产多少沼气呢?

280 ~ 400 m³/t

秸秆

300 ~ 450 m³/t

能源作物

干物质产气潜力

可以用产气潜力来表示原料产沼气能力大小,这代表着单位质量干物质原料理论能够产生的沼气量。

200 ~ 300 m³/t

污泥

300 ~ 500 m³/t

果蔬废弃物

200 ~ 350 m³/t

粪便

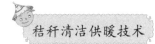
有专门的仪器可以对原料产气潜力进行试验评估，这是不同类型的测试装备。

AMPTS产气潜力测试设备

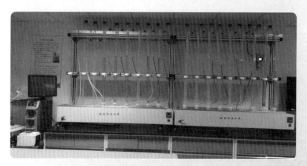

排水式产气潜力测试设备

生产沼气的反应器都有哪些类型呢?

常见的反应器有两大类:干发酵反应器和湿发酵反应器。

CH4

干式反应器

序批式　连续式

湿式反应器

推流式　竖流式　全混式

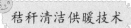

序批式干发酵装备

一次性给足微生物一段时间食物。一般会有多个反应器（8～12个），依次启动保证沼气产气稳定，用秸秆和畜禽粪污混合处理，容积产气率 2 $m^3/(m^3 \cdot d)$ 以上。

连续式干发酵装备

每天喂料，同时排出剩余物。用牛粪和秸秆混合处理，容积产气率 2.3 $m^3/(m^3 \cdot d)$ 以上；处理餐厨垃圾，容积产气率 4.0 $m^3/(m^3 \cdot d)$ 以上。

这是湿发酵技术，常用全混式反应器。

湿发酵装备

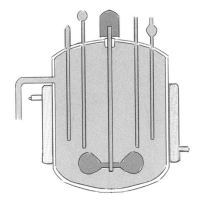

全混式反应器

全混式反应器可以用于各种单一原料和混合原料，应用范围最广。单体反应器规模可以做到 10 000 m³。

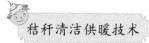

那你们的主要成分是什么呀？

CO_2 (30%~40%)

H_2S

CH_4 (50%~70%)

CH_4

　我们通常包含50％～70％的CH_4、30%～40%的CO_2以及少量的H_2S等气体，是一种可燃气体，热值在21 MJ/m³左右。

说说你们的用途吧。

我们的用途可大了，直接燃烧可以用作炊事和取暖，还可以用于发电和生产生物天然气。

这是可以燃烧沼气的户用炊事沼气灶。在使用沼气灶时，要注意控制炉具的使用压力，正常工作时，一次空气要开足，并注意用气安全。

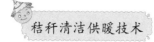

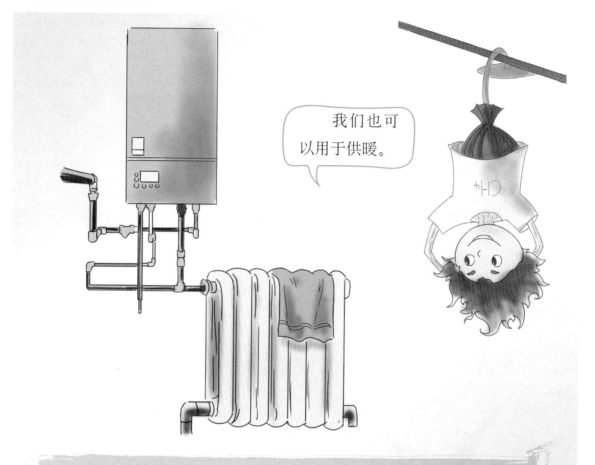

我们也可以用于供暖。

可以通过沼气热水锅炉生产热水进行集中供暖，还可以通过壁挂炉分散供暖，和天然气的使用方式是一样的。

我们还可以通过沼气发电机发电，这可是绿色电力，是受到国家鼓励和支持的哦。

车用燃气

我们还可以被提纯为生物天然气。

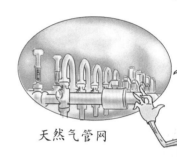

天然气管网

　　如果经过提纯，将我们体内的甲烷含量提高到90%以上，就符合国家天然气的标准了，我们可以华丽变身，成为生物天然气，可以进入天然气管网，用于居民供气或者车用燃气，我们的身价就更高啦。

在生产过程中，会有其他废弃物产生吗？

有机物经过厌氧微生物处理后，还会剩下一些难以消化的部分，经过固液分离，固体部分就是沼渣，液体部分就是沼液。

大家都说沼渣和沼液是很好的肥料。当然啦，沼渣和沼液不能直接施用到农田里，沼渣需要充分腐熟，沼液需要沉淀、消毒、贮存、配水等处理。

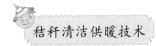

现在讲讲沼气应用的相关案例吧!

河北临漳沼气供暖示范工程

工程规模2万m³，总投资1.01亿元，年产沼气730万m³。这些沼气中一部分为临漳镇洛村550户和狄邱乡北孔村450户提供清洁供暖。

山东民和规模化沼气发电并网工程

工程建设了8座3 200 m³发酵罐，年处理鸡粪约18万t，污水约12万t，年产生沼气1 100 万m³，可发电2 200万kW·h，每年可减少温室气体排放8万多t当量。热电联产机组余热回收用于反应器增温，并为厂区供热，年回收余热相当于6 750 t标煤。

河北三河规模化生物天然气工程

工程总投资超过2亿元，年消纳秸秆11万t、畜禽粪便2万t，年产沼气1 179万m³、生物天然气528万m³。沼气除为农户提供炊事、供暖等用能外，剩余部分提纯后进入天然气管网。

各种燃料取暖费用

参数	单位	燃煤	秸秆压块	秸秆捆	天然气	沼气	热解气
锅炉功率	kW	1 400	1 400	1 400	1 400	1 400	1 400
锅炉效率	%	80	80	80	95	95	92
锅炉投资	万元	50	50	55	12	12	20
管网投资	万元	60	60	60	60	60	60
燃料热值	MJ/kg或MJ/m³	20.9	15.9	12.5	36	21	18
燃料用量	kg/d或m³/d	3 014	3 962	5 040	1 474	2 526	3 044
燃料价格	元/t或元/m³	900	650	260	2.63	1.5	1.2
燃料费用	万元/取暖季	32.6	30.9	15.7	46.5	45.5	43.8
运行费用	万元/取暖季	7.4	8.2	12.4	9	9	9
取暖费用	元/m²	25.5	25.1	19.8	31.4	30.8	30.4

注：以供暖面积2万m²，200户为例。

这么多清洁取暖技术啊，我们选哪种好呢？

每种技术都有它的适应条件，取暖费用也不同哟。

介绍的太好了，谢谢您。

图书在版编目（CIP）数据

秸秆清洁供暖技术/赵立欣，姚宗路主编．—北京：中国农业出版社，2019.12（2023.3重印）
ISBN 978-7-109-26365-9

Ⅰ.①秸…　Ⅱ.①赵…②姚…　Ⅲ.①秸秆-无污染能源-供热　Ⅳ.①S216.2

中国版本图书馆CIP数据核字（2020）第292098号

秸秆清洁供暖技术 JIEGAN QINGJIE GONGNUAN JISHU

中国农业出版社出版
地址：北京市朝阳区麦子店街18号楼
邮编：100125
责任编辑：陈　亭　　刁乾超
文字编辑：李兴旺　　责任校对：吴丽婷
印刷：中农印务有限公司
版次：2019年12月第1版
印次：2023年3月北京第4次印刷
发行：新华书店北京发行所
开本：889mm×1194mm　　1/24
印张：$3\frac{2}{3}$
字数：80千字
定价：20.00元